潜入《せんにゅう》! 2 生き物はなぜ生まれた? —リンネほか

天才科学者の実《じっ》験《けん》室《しつ》

わたしたちが
紹介《しょうかい》するよ

Dr.シュガー

COBON《こぼん》ちゃん

佐藤文隆 編著　くさばよしみ 著　たなべたい 絵

目　次

汐文社《ちょうぶんしゃ》

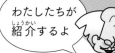

生き物がいっぱい

目に見えない微生物《びせいぶつ》から、草木や昆虫《こんちゅう》、大きなゾウまで、地球は生き物でいっぱいだ。いまはもういない大昔の生き物が、化石で見つかることもあるよ。

まず動物と植物に分《わ》けて、次に陸《りく》と水中と空の動物に分《わ》けて…
アリストテレス
紀元前《きげんぜん》384～322
古代ギリシャの哲学者《てつがくしゃ》。生き物を観察《かんさつ》して、グループ分《わ》けした。
植物はおしべの数を基準《きじゅん》に分類《ぶんるい》しよう
リンネ
1707～1778
生き物を、見てわかる特徴《とくちょう》で分類《ぶんるい》して、名前のつけ方を考えた。
細菌《さいきん》は空気中にもいるらしい
パスツール
1822～1895
食べ物がくさるのは、細菌《さいきん》のしわざであることを発見した。
恐竜《きょうりゅう》の巣《す》のあとだ！中にあるのは卵《たまご》の化石かな？
アンドリュース
1884～1960
はじめて恐竜《きょうりゅう》の卵《たまご》の化石を見つけた。
細菌《さいきん》より小さいぞ！
スタンリー
1904～1971
ウィルスの正体をつきとめた。

生きているものを探《さが》せ！

地球に生き物はどれだけいるの？
動物だけで100万種類《しゅるい》いるといわれている
昆虫《こんちゅう》は動物なの？
うん。生き物は、動物、植物、微生物《びせいぶつ》に分《わ》けることができる。
昆虫《こんちゅう》は動物に入るし、カビは微生物《びせいぶつ》に入るんだ。
ぜんぶ合わせると500万種類《しゅるい》以上《いじょう》になるといわれているよ
シダ植物
球果《きゅうか》植物
被子《ひし》植物
ボクハココ
節足《せっそく》動物
軟体《なんたい》動物
脊索《せきさく》動物
子嚢菌《しのうきん》
担子菌《たんしきん》
卵菌《らんきん》
植物界《しょくぶつかい》
動物界《どうぶつかい》
菌界《きんかい》
ぜんぶに名前がついているの？
そうだよ。昔、植物学者のリンネが、名前のつけ方を考えたんだ
あっ！リンネさん!?
ボン
名前を見ると、生き物同士《どうし》の関係《かんけい》がわかるようになっているんだ
Equus《エクス》 grevyi《グレビー》
シマウマです
えへん
リンネさんすご～い!!
Equus《エクス》 caballus《カバッルス》
ウマです
バラバラに見える自然《しぜん》も、何かの基準《きじゅん》で分類《ぶんるい》すると、いろんなことに気づけるんだ。分類《ぶんるい》することは、科学の入り口なんだよ
Equus grevyi
Equus Caballus
ロバさんもなんだ!!
Equus《エクス》 asinus《アシヌス》
ロバもシマウマやウマと同じウマ属《ぞく》だよ

細菌《さいきん》：微生物《びせいぶつ》の1つで、1つの細菌《さいきん》でできている。　ウィルス：細菌《さいきん》の50分の1から100分の1の大きさで、自分で細胞《さいぼう》を持たない。

リンネの実験室《じっけんしつ》

リンネはたくさんの植物を熱心《ねっしん》に観察《かんさつ》し、どうやってグループ分《わ》けすればよいか考えた。

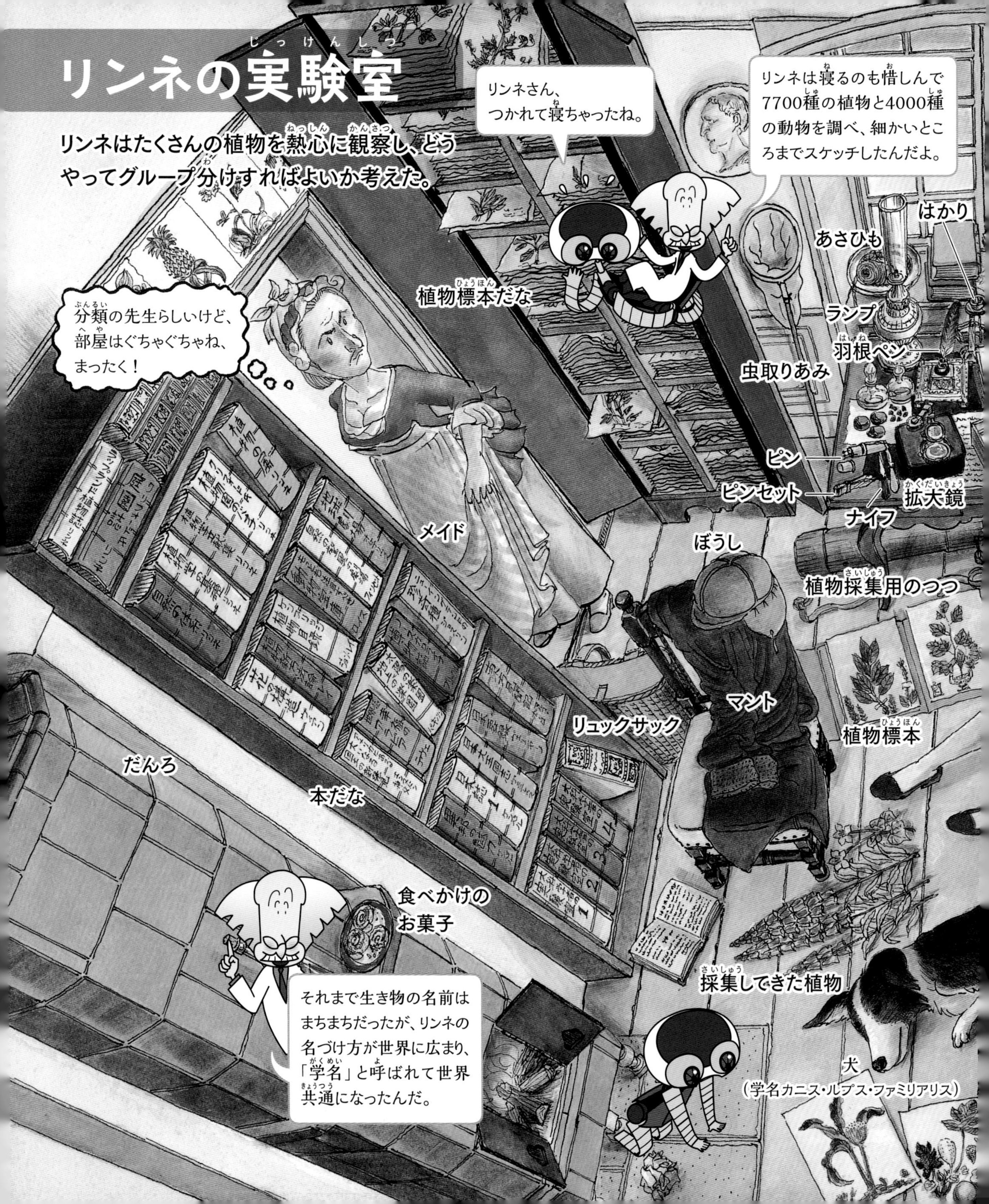

リンネさん、
つかれて寝《ね》ちゃったね。
リンネは寝《ね》るのも惜《お》しんで7700種《しゅ》の植物と4000種《しゅ》の動物を調べ、細かいところまでスケッチしたんだよ。
分類《ぶんるい》の先生らしいけど、部屋《へや》はぐちゃぐちゃね、まったく！
植物標本《ひょうほん》だな
はかり
あさひも
ランプ
羽根《はね》ペン
虫取りあみ
ピン
ピンセット
拡大鏡《かくだいきょう》
ナイフ
メイド
ぼうし
植物採集《さいしゅう》用のつつ
マント
リュックサック
植物標本《ひょうほん》
だんろ
本だな
食べかけのお菓子
採集《さいしゅう》してきた植物
犬
（学名カニス・ルプス・ファミリアリス）
それまで生き物の名前はまちまちだったが、リンネの名づけ方が世界に広まり、「学名《がくめい》」と呼《よ》ばれて世界共通《きょうつう》になったんだ。

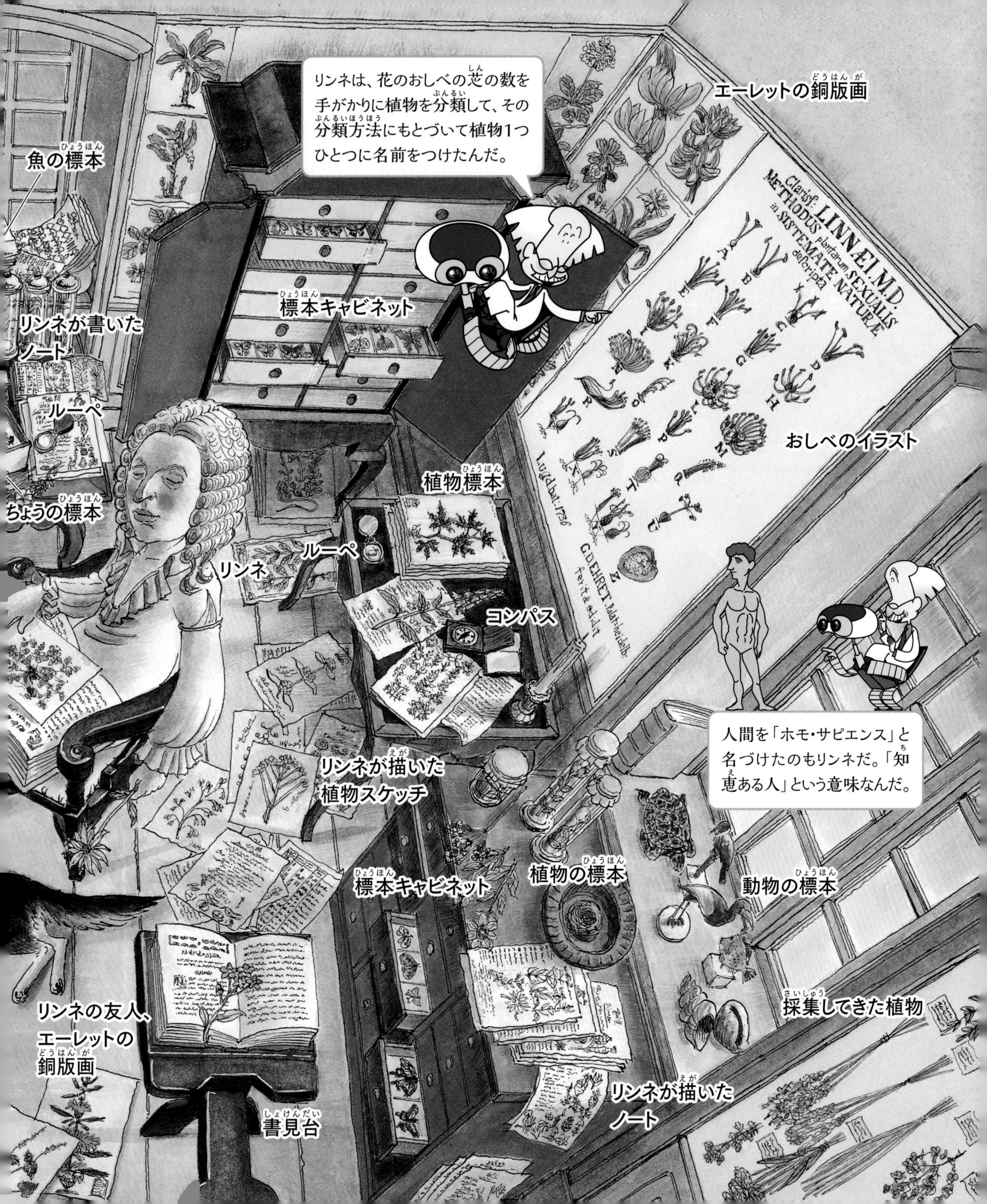
リンネは、花のおしべの芯《しん》の数を手がかりに植物を分類《ぶんるい》して、その分類方法《ぶんるいほうほう》にもとづいて植物1つひとつに名前をつけたんだ。
エーレットの銅版画《どうはんが》
魚の標本《ひょうほん》
Clarisſ: LINNÆI M.D.
METHODUS plantarum SEXUALIS
in SISTEMATE NATURÆ
deſcripta
Lugd.bat: 1736
G.D.EHRET Palat-heidelb:
ferit & edidit
標本《ひょうほん》キャビネット
リンネが書いたノート
ルーペ
おしべのイラスト
植物標本《ひょうほん》
ちょうの標本《ひょうほん》
ルーペ
リンネ
コンパス
人間を「ホモ・サピエンス」と名づけたのもリンネだ。「知《ち》恵《え》ある人」という意味なんだ。
リンネが描《えが》いた植物スケッチ
標本《ひょうほん》キャビネット
植物の標本《ひょうほん》
動物の標本《ひょうほん》
採集《さいしゅう》してきた植物
リンネの友人、エーレットの銅版画《どうはんが》
リンネが描《えが》いたノート
書見台《しょけんだい》

証拠《しょうこ》を見つけろ！

細菌《さいきん》はどこからやってくる？

パスツールは、食べ物は自然《しぜん》にくさるのではなく、細菌《さいきん》という微生物《びせいぶつ》のせいであることを発見した。

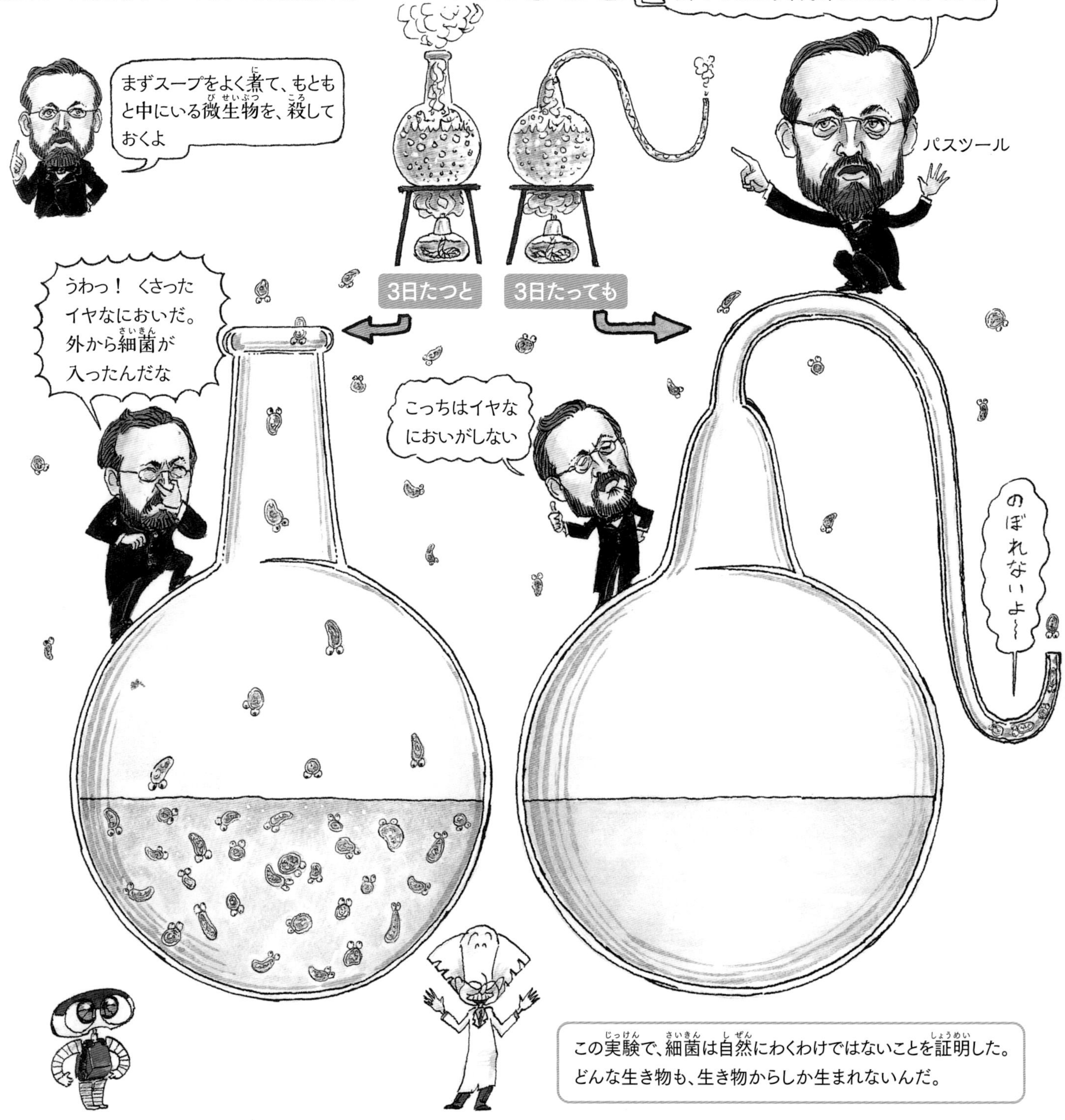

肉のスープを2つのフラスコに入れて、くさるかどうか試《ため》してみよう
こっちのフラスコは、中に空気中の細菌《さいきん》が入らないように、首を細くして2回曲げたんだ。細菌《さいきん》が外から入っても、曲がった所でのぼれず、肉汁《にくじゅう》にたどりつけないよ
パスツール
まずスープをよく煮《に》て、もともと中にいる微生物《びせいぶつ》を、殺《ころ》しておくよ
3日たつと
3日たっても
うわっ！ くさった イヤなにおいだ。外から細菌《さいきん》が入ったんだな
こっちはイヤなにおいがしない
のぼれないよ～

この実験《じっけん》で、細菌《さいきん》は自然《しぜん》にわくわけではないことを証明《しょうめい》した。どんな生き物も、生き物からしか生まれないんだ。

恐竜《きょうりゅう》がいなくなったのはナゼ？

地球の環境《かんきょう》が変《か》わると、生きられる生物も変化《へんか》する。恐《きょう》竜《りゅう》が絶滅《ぜつめつ》したのも、いん石が衝突《しょうとつ》して地球の気候《きこう》が変《か》わったためだと考えられ、その証拠《しょうこ》が世界各地《かくち》に残《のこ》っている。それが、「KT境界層《ケーティーきょうかいそう》」と呼《よ》ばれる地層《ちそう》だ。

K
T

ＫＴ境界層《ケーティーきょうかいそう》から、いん石に含《ふく》まれるイリジウムという元素《げんそ》がたくさん見つかった。このことから、恐竜《きょうりゅう》の絶滅《ぜつめつ》はいん石の衝突《しょうとつ》が原因《げんいん》だと考えられるんだ。

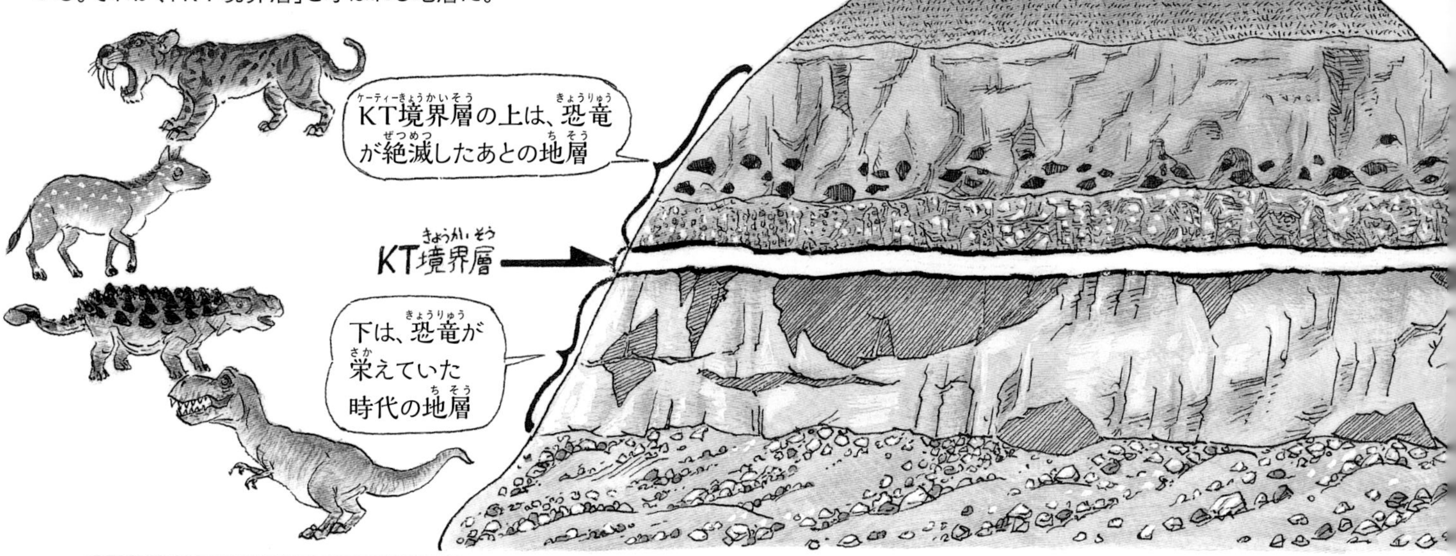
KT境界層《ケーティーきょうかいそう》の上は、恐竜《きょうりゅう》が絶滅《ぜつめつ》したあとの地層《ちそう》
KT境界層《きょうかいそう》
下は、恐竜《きょうりゅう》が栄《さか》えていた時代の地層《ちそう》

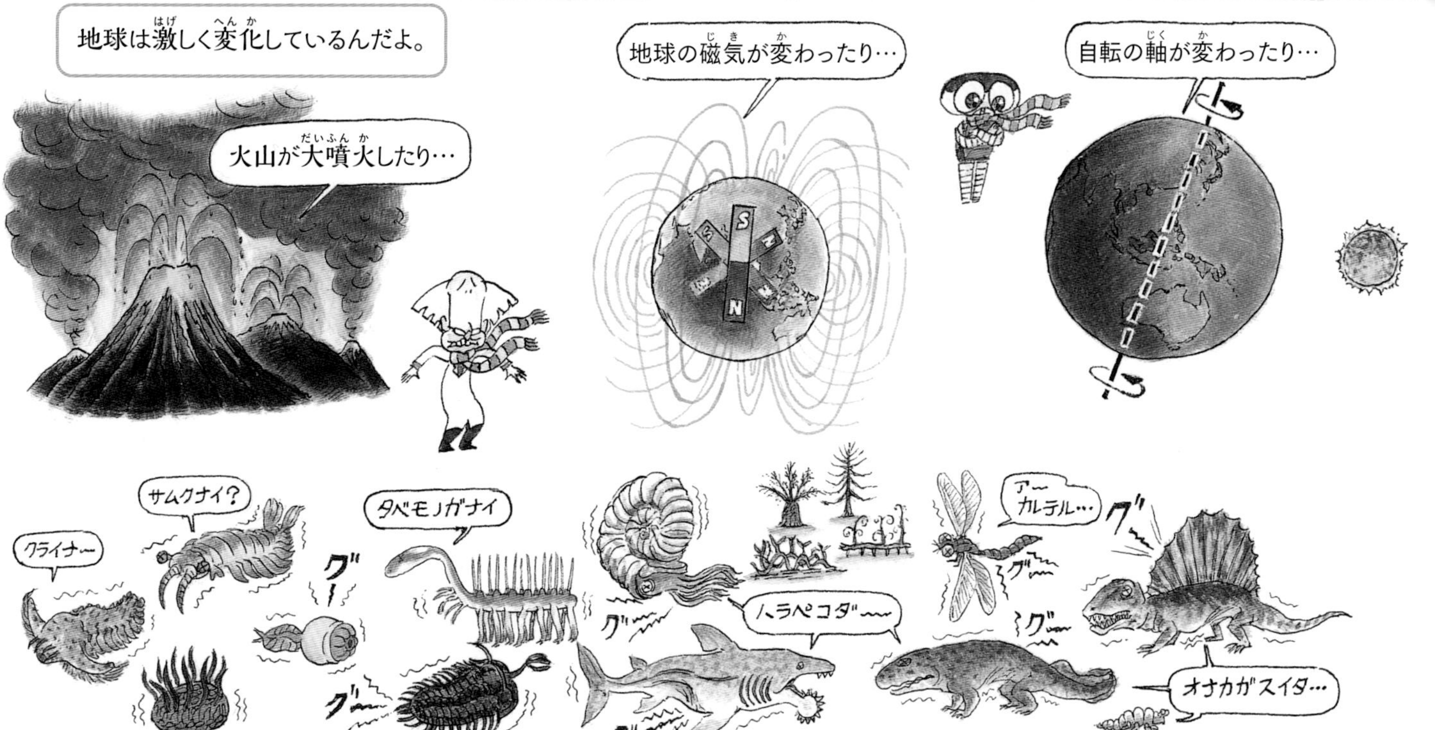
地球は激《はげ》しく変化《へんか》しているんだよ。
火山が大噴火《だいふんか》したり…
地球の磁気《じき》が変《か》わったり…
自転の軸《じく》が変《か》わったり…
S
N
クライナー
サムクナイ？
タベモノガナイ
グー
グー
グー
ハラペコダー
グー
アー
カレテル…
グー
グー
オナカガスイタ…

元素《げんそ》：酸素《さんそ》や鉄《てつ》のように、物を性質《せいしつ》で分《わ》けたときそれ以上《いじょう》分《わ》けられないもの。　地球の磁気《じき》：地球は巨大な磁石《じしゃく》になっていて、現在の日本では方位《ほうい》じしんの針《はり》のN極《エヌきょく》は北を、S極《エスきょく》は南をさす。

水と空気と太陽で生きている

動物は植物を食べて生きている。植物は水と空気と太陽を栄養《えいよう》にして生きている。地球の生き物を支《ささ》えているのは、水と空気と太陽なんだ。

植物があると
空気が
おいしい！
プリーストリー
1733〜1804
動物は、植物から出る気体を
吸《す》っていることに気づいた。
動物は、酸素《さんそ》を
吸《す》って二酸化炭素《にさんかたんそ》を
出しているんだ！
ラボアジエ
1743〜1794
呼吸《こきゅう》に必要な空気
の成分《せいぶん》を調べ、酸《さん》
素《そ》を発見した。
植物が出す
酸素《さんそ》は、
水からとり入れた
ものらしい
ルーベン
1913〜1943
光合成《こうごうせい》のしくみを調べた。
原子《げんし》に目じるしを
つければ
わかるんだ
カルビン
1911〜1997
光合成《こうごうせい》によって植物の中で何が
起きているかを解明《かいめい》した。
植物が育つ養分《ようぶん》
は、工場でも作れ
るぞ。
どんどん作って、
作物の収穫量《しゅうかくりょう》を
ふやそう！
化学肥料
リービヒ
1803〜1873
植物に養分《ようぶん》を与《あた》えると、
たくさん育つことを発見した。

もとをたどれば光合成《こうごうせい》

1
いい空気だなあ
空気中の酸素《さんそ》がわたしたちに必要《ひつよう》なんだ。からだの中で、食べた物を酸素《さんそ》で燃《も》やしてエネルギーを作り、からだを動かしているんだよ
チッ素《そ》
酸素《さんそ》
N2
O2
CO2
水蒸気《すいじょうき》
二酸化炭素《にさんかたんそ》
2
心臓《しんぞう》を動かしたり考えたりするのにも、エネルギーが必要《ひつよう》なんだ
いや考えとる
博士は走ってないじゃない
3
毎日のごはんがエネルギーのもとだ
あっ！食《た》べものが糖質《とうしつ》・脂質《ししつ》・タンパク質《しつ》に分解《ぶんかい》されてる
糖質《とうしつ》
脂質《ししつ》
タンパク質《しつ》
4
肉には栄養《えいよう》がたっぷりありそうだね！
肉の栄養《えいよう》も、もとをたどれば植物がとり込《こ》んだものだ。わたしたちは植物の栄養《えいよう》で生きているようなものさ
5
草が食べつくされちゃうよ！
草ガナイヨ…
食ベキッタノカナ？
ドウジョー
6
心配ないよ。植物は太陽のエネルギーを使って、水と空気中の二酸化炭素《にさんかたんそ》を栄養《えいよう》に変《か》えているんだ。太陽と水と空気があれば、草はどんどんはえてくるよ
このはたらきが「光合成《こうごうせい》」
太陽光
二酸化炭素
糖
酸素
ヨカッタ~
ウンチャおしっこ
水
ミネラル

原子《げんし》：すべての物質《ぶっしつ》のもとになっている小さな粒《つぶ》。　光合成《こうごうせい》：植物が生きるのに必要《ひつよう》な養分《ようぶん》と酸素《さんそ》を、植物自身で作り出すはたらき。

リービヒの実験室《じっけんしつ》

リービヒは、世界ではじめて学生のための実験室《じっけんしつ》を作って、世界から集まってきた学生に実験《じっけん》のし方を教えた。

リービヒのアイデアでこんな肉エキスも発売され、よく売れたらしい。化学の知識《ちしき》が、農業や食品産業《さんぎょう》を発展《はってん》させたんだ。
試薬《しやく》ビン
肉エキスのポスター
肉エキス
トング
試薬《しやく》だな
リービヒ
冷却器具《れいきゃくきぐ》
冷却管《れいきゃくかん》
丸底《まるぞこ》フラスコ
リービヒ管《かん》
ストーブ

リービヒの教育方法《ほうほう》はヨーロッパ各地《かくち》に広まって、リービヒの教え子の中からおおぜいのノーベル賞受《しょうじゅ》賞者《しょうしゃ》が出たんだよ。
ドラフト
ビン乾燥《かんそう》だな
試薬《しやく》だな
学生たち
試験管《しけんかん》立て
てんびん
蒸留器《じょうりゅうき》
三口《みつくち》ビン
乳鉢《にゅうばち》と乳棒《にゅうぼう》
三脚《さんきゃく》
試薬《しやく》ビン
氷
アルコールランプ
レトルト
レトルト（砂《すな》入り）
丸底《まるぞこ》フラスコ
採取《さいしゅ》した草
レトルト
湯《ゆ》せんなべ
ゴミ箱
植物は根を通して土から栄養《えいよう》をとり入れていることがわかり、リービヒはその成分《せいぶん》を人工的《じんこうてき》に作れると考えた。リービヒは実験《じっけん》を重ねて、世界ではじめて人工肥料《ひりょう》を作った。このおかげで作物の収穫量《しゅうかくりょう》がぐんとふえて、多くの人に食料が行きわたるようになったんだ。

どうやって確《たし》かめる?

植物と空気と太陽のカンケイは?

空気の成分《せいぶん》がまだ知られていなかった時代に、プリーストリーは、植物が動物に必要《ひつよう》な気体を出していることを実験《じっけん》で確《たし》かめた。

植物があると空気がきれいな気がするが、どうしてだろう?

ガラスビンをピッタリかぶせて実験《じっけん》してみよう
太陽の光を浴《あ》びると、植物はネズミが呼吸《こきゅう》をするのに必要《ひつよう》な気体を出すらしい
こっちは光がたっぷり入るよ
こっちは光が入らないようにしたよ

プリーストリーは、ほかにもさまざまな実験《じっけん》をしたんだ。

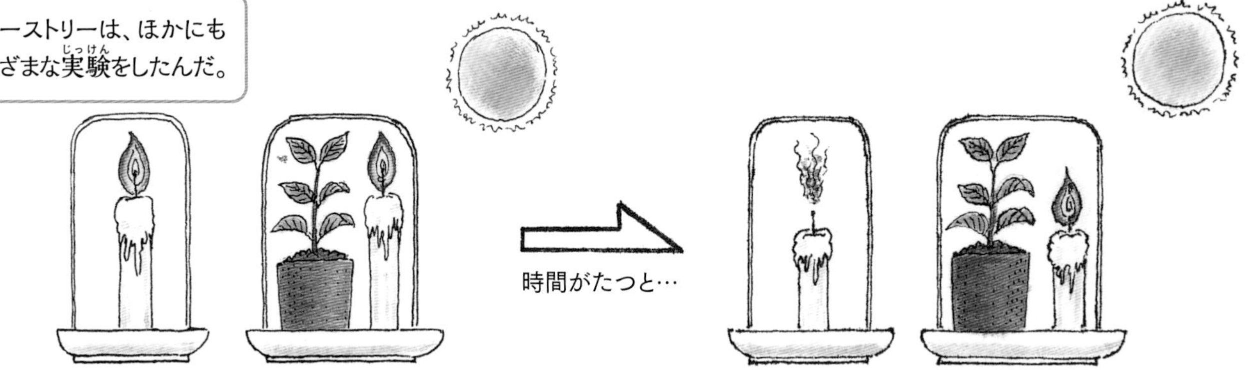

時間がたつと…

ガラスビンをピッタリかぶせて太陽の下に置《お》いた。

植物を入れないほうは、ろうそくの火が消えた。

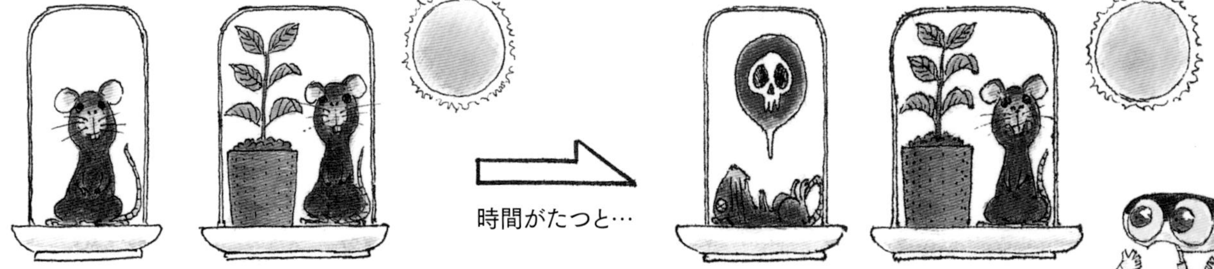

時間がたつと…

ガラスビンをピッタリかぶせて太陽の下に置《お》いた。

植物を入れないほうは、ネズミが死んだ。

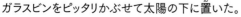

植物が生きるしくみは？

人間や動物は、食べ物から栄養《えいよう》をとって、いらないものをウンチやおしっこにして出して生きている。植物はどうやって生きているのだろう。

空気中にも
酸素《さんそ》がある
酸素《さんそ》を出す
水の中にも
酸素《さんそ》がある
植物が出す酸素《さんそ》は、水からとり入れたものかな？それとも空気中から？
ルーベン

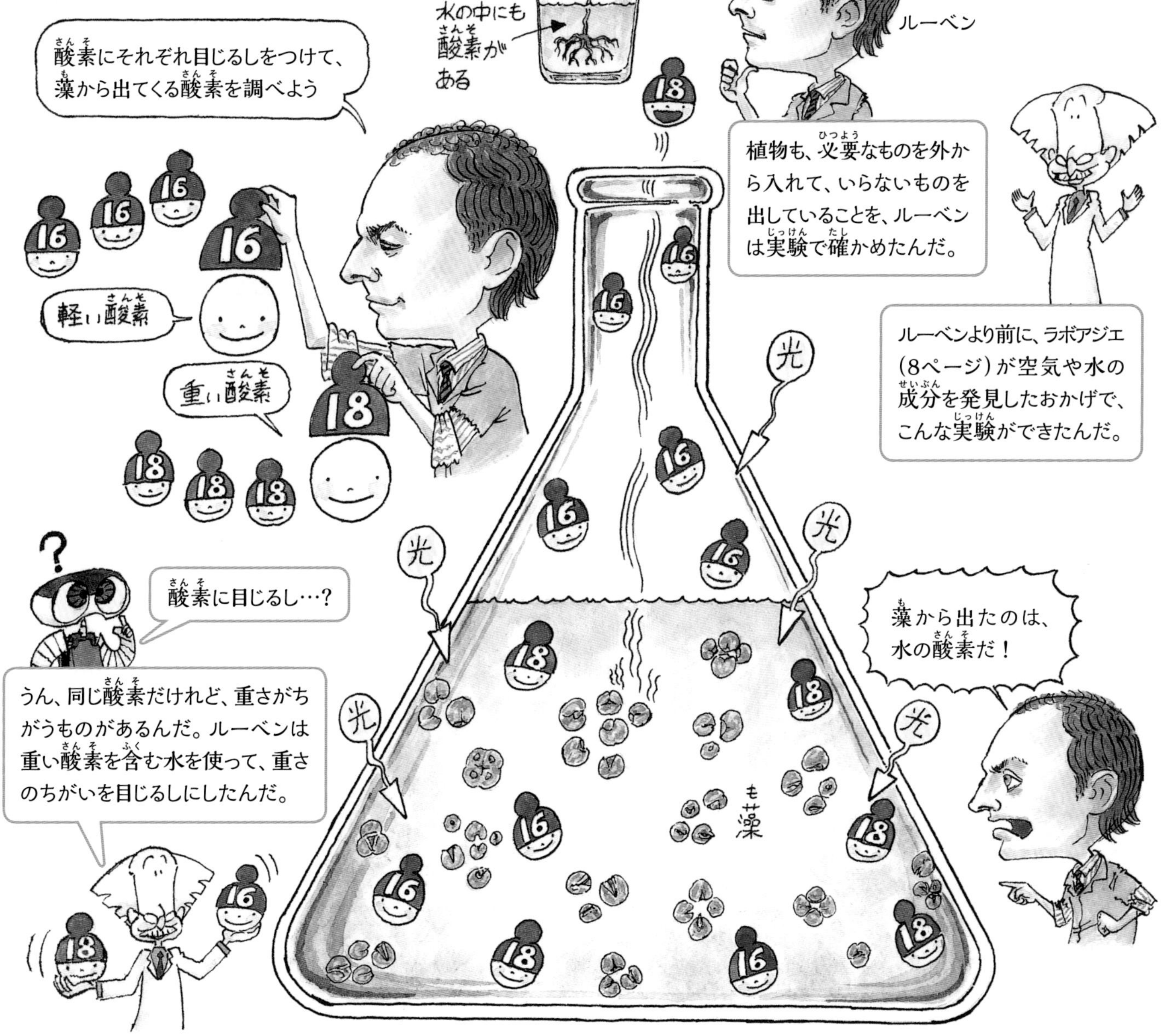

酸素《さんそ》にそれぞれ目じるしをつけて、藻《も》から出てくる酸素《さんそ》を調べよう
軽い酸素《さんそ》
重い酸素《さんそ》
16
18
植物も、必要《ひつよう》なものを外から入れて、いらないものを出していることを、ルーベンは実験《じっけん》で確《たし》かめたんだ。
ルーベンより前に、ラボアジエ（8ページ）が空気や水の成分《せいぶん》を発見したおかげで、こんな実験《じっけん》ができたんだ。
光
酸素《さんそ》に目じるし…？
藻《も》から出たのは、水の酸素《さんそ》だ！
うん、同じ酸素《さんそ》だけれど、重さがちがうものがあるんだ。ルーベンは重い酸素《さんそ》を含《ふく》む水を使って、重さのちがいを目じるしにしたんだ。
藻《も》

この実験《じっけん》で明らかになったのは、植物の中で起こっている、「光合成《こうごうせい》」と呼《よ》ばれるはたらきの一部なんだ。この実験《じっけん》のあと、カルビン（8ページ）が植物がとり入れるすべての原子《げんし》に目じるしをつけて、光合成《こうごうせい》で起こる反応《はんのう》をすっかり明らかにしたんだよ。

藻《も》：水中にはえる植物。　原子《げんし》：すべての物質《ぶっしつ》のもとになっている小さな粒《つぶ》。

からだは化学工場だ

わたしたちの体内では、さまざまな臓器《ぞうき》や組織《そしき》が休みなくはたらき、血液《けつえき》がエネルギーと栄養《えいよう》をすみずみまでとどけている。

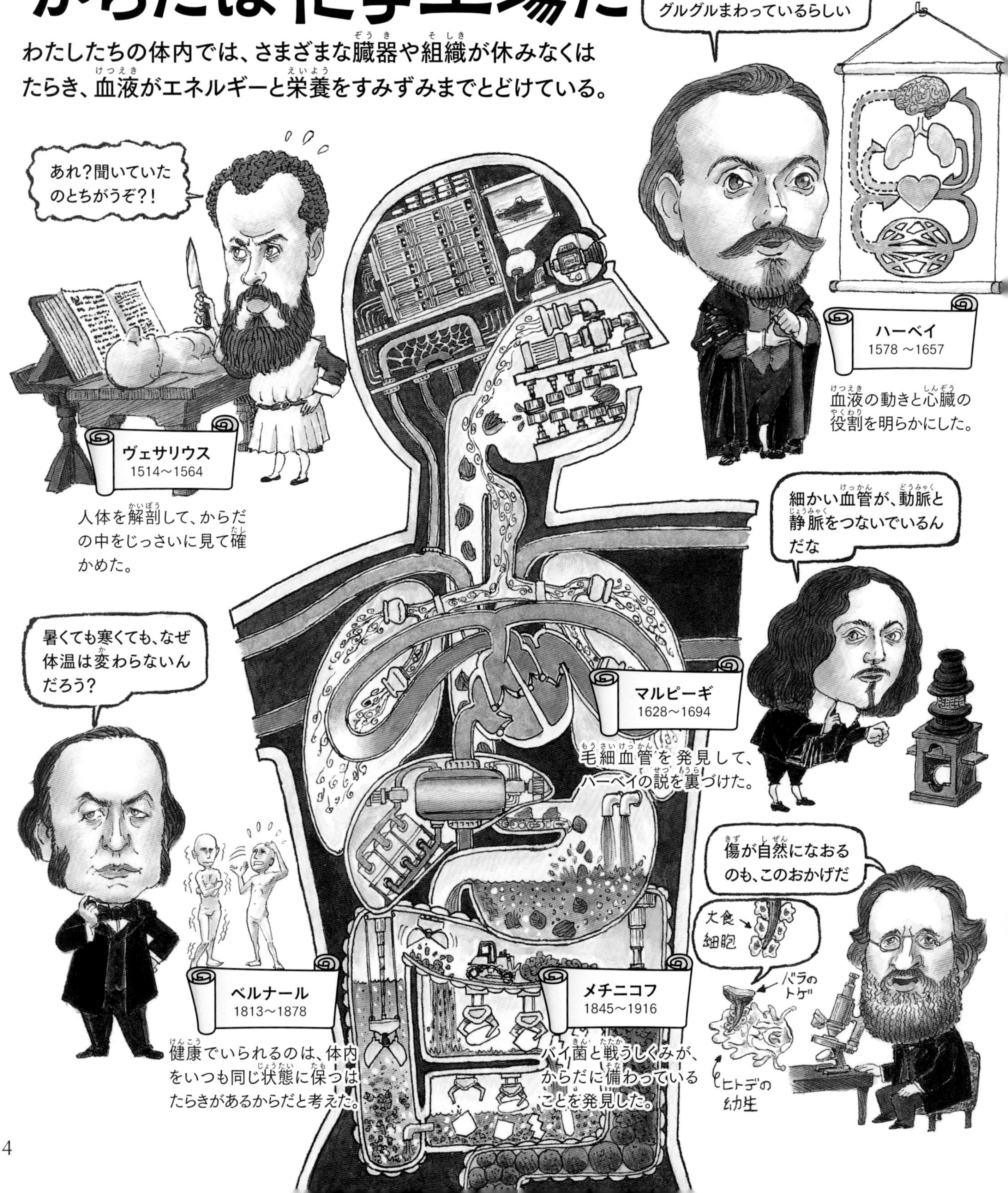

血液《けつえき》は、心臓《しんぞう》の力で体内をグルグルまわっているらしい
あれ？聞いていたのとちがうぞ？！
細かい血管《けっかん》が、動脈《どうみゃく》と静脈《じょうみゃく》をつないでいるんだな
暑くても寒くても、なぜ体温は変《か》わらないんだろう？
傷《きず》が自然《しぜん》になおるのも、このおかげだ
大食細胞
バラのトゲ
ヒトデの幼生

ヴェサリウス
1514～1564

人体を解剖《かいぼう》して、からだの中をじっさいに見て確《たし》かめた。

ハーベイ
1578 ～1657

血液《けつえき》の動きと心臓《しんぞう》の役割《やくわり》を明らかにした。

マルピーギ
1628～1694

毛細血管《もうさいけっかん》を発見して、ハーベイの説《せつ》を裏《うら》づけた。

ベルナール
1813～1878

健康《けんこう》でいられるのは、体内をいつも同じ状態《じょうたい》に保《たも》つはたらきがあるからだと考えた。

メチニコフ
1845～1916

バイ菌《きん》と戦《たたか》うしくみが、からだに備《そな》わっていることを発見した。

からだは自動調節《ちょうせつ》装置《そうち》つき

生きてるって、心臓《しんぞう》が動いていることだよね？
うん、心臓《しんぞう》がポンプみたいに動いて、血液《けつえき》をおし出しているんだ
血が流れないと死んじゃうよね？血は栄養《えいよう》なの？
いや、血は運び屋なんだ。血液《けつえき》に栄養分《えいようぶん》と酸素《さんそ》をとけ込《こ》ませて運んでいるんだ
マイドー
さとう
栄養
酸素
それだけじゃないよ。血液《けつえき》は、いらなくなったゴミも回収《かいしゅう》する
いらないものを回収する
必要なものをとどける
静脈
動脈
小腸《しょうちょう》では栄養分《えいようぶん》を受けとる。肝臓《かんぞう》や腎臓《じんぞう》では、いらなくなったものを回収《かいしゅう》している。肺《はい》では酸素《さんそ》を受けとって、いらなくなった二酸化炭素《にさんかたんそ》を置《お》いていく
肺
肝臓
腎臓
小腸
不要
栄養分
臓器《ぞうき》や器官《きかん》にはいろんな役目があって、必要《ひつよう》な栄養分《えいようぶん》もちがうから、正しく配達《はいたつ》しないとね
ピッタリ正確
すごいなぁ〜
全身を見張《みは》るしくみがからだに備《そな》わっているんだ。でも、生活がみだれたり栄養《えいよう》がかたよったりすると、見張《みは》りがうまくはたらかなくなるよ
よくまちがえないね
自動調節スイッチオン!!
ON
OFF

動脈《どうみゃく》：心臓《しんぞう》からおし出された血液《けつえき》が流れる血管《けっかん》。　静脈《じょうみゃく》：心臓《しんぞう》にもどる血液《けつえき》が流れる血管《けっかん》。

ハーベイの実験室《じっけんしつ》

ハーベイはうでの血管《けっかん》がふくれるようすを観《かん》察《さつ》して、血液《けつえき》は心臓《しんぞう》からおし出されて心臓《しんぞう》にもどってくることを発見した。

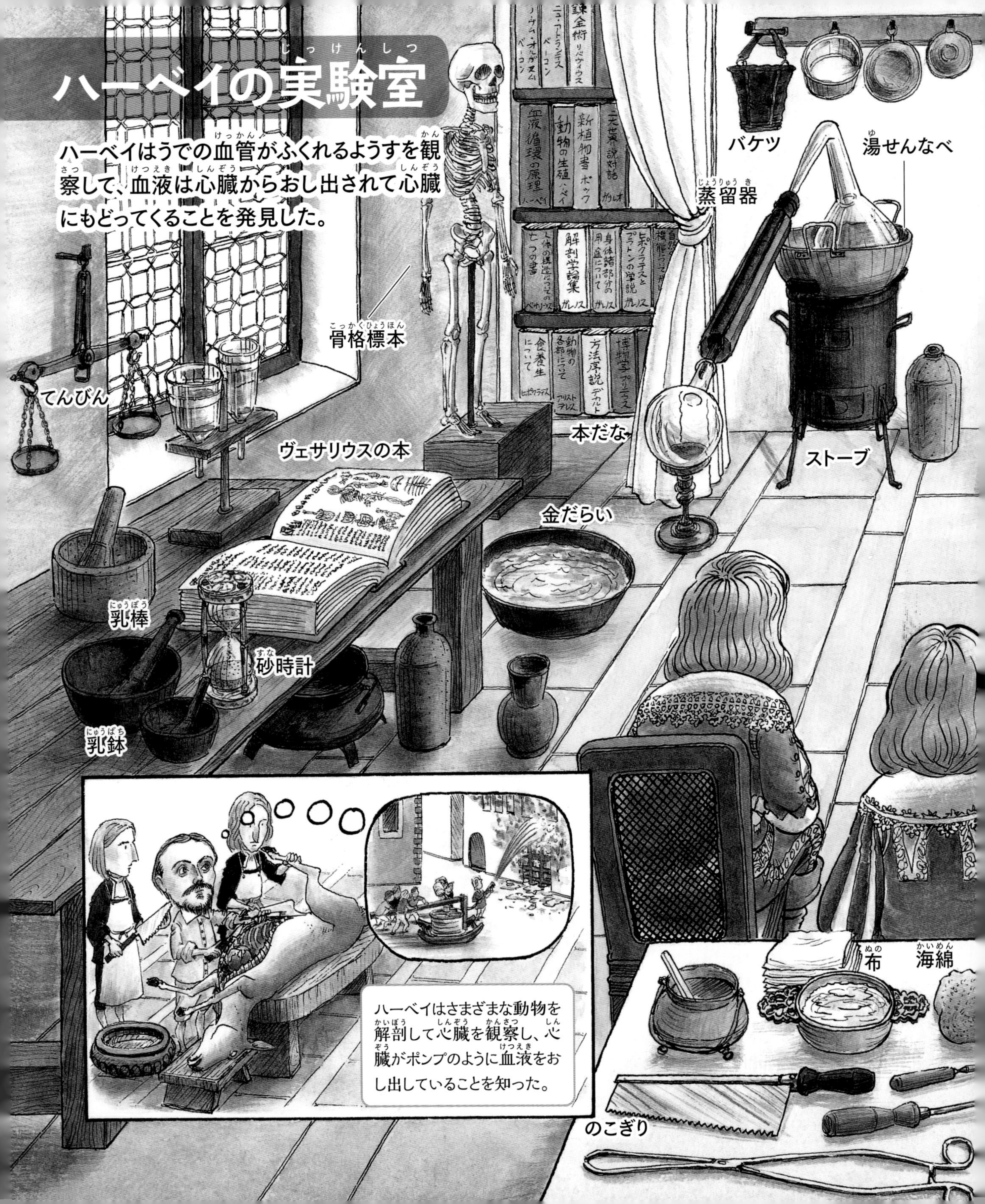

バケツ
湯《ゆ》せんなべ
蒸留器《じょうりゅうき》
骨格標本《こっかくひょうほん》
てんびん
本だな
ヴェサリウスの本
ストーブ
金だらい
乳棒《にゅうぼう》
砂《すな》時計
乳鉢《にゅうばち》
布《ぬの》
海綿《かいめん》
のこぎり

ハーベイはさまざまな動物を解剖《かいぼう》して心臓《しんぞう》を観察《かんさつ》し、心《しん》臓《ぞう》がポンプのように血液《けつえき》をおし出していることを知った。

ハーベイ
うでをしばって血管《けっかん》をうき立たせ、血管《けっかん》のあちこちをおして、血液《けつえき》が逆《ぎゃく》もどりせずに流れていることを発見したんだ。
血管図《けっかんず》
血管《けっかん》の内側《うちがわ》に弁《べん》があって、逆《ぎゃく》もどりを防《ふせ》いでいるんだよ。
のこぎり
ピンセットやペンチみたいなのがたくさんあるけど、何に使うの？
解剖器具《かいぼうきぐ》
医者の道具だ。ハーベイはイギリスの王様の医者だったんだ。
解剖器具《かいぼうきぐ》
17世紀《せいき》のはじめまで、血液《けつえき》は栄養分《えいようぶん》としてからだにしみこんで使われてしまうと考えられていた。しかしハーベイは、血液《けつえき》がからだの中をグルグルまわっていることを発見したんだ。

のぞいてみたら

からだの中がわかった

からだの中を見るには、昔は亡《な》くなった人を解剖《かいぼう》するしかなかった。でもいまでは、さまざまな技術《ぎじゅつ》で体内のようすがわかるようになった。

エックス線は骨《ほね》のようなかたいものは通りぬけにくく、肺《はい》や筋肉《きんにく》のようなやわらかいものは通りぬけやすい。この性質《せいしつ》を利用《りよう》して、映《うつ》し出された白黒の濃淡《のうたん》を見て異常《いじょう》を見つけるんだ。

エックス線を当てる

あっ！中身は人間だ!!

磁気《じき》を当てる

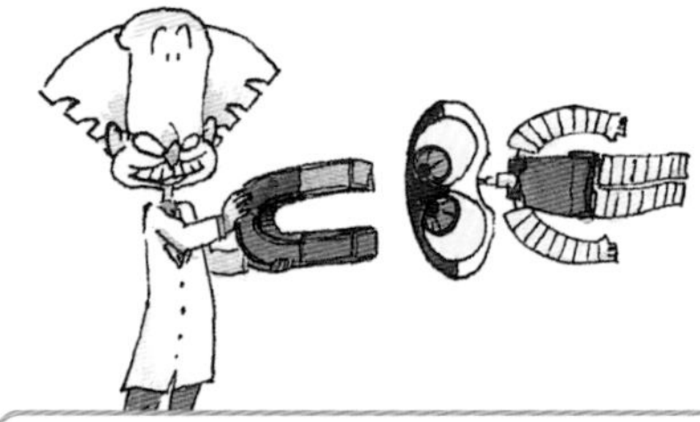

水素原子
1H
バラ
バラ
整列!!

人体には多くの水があって、水の水素《すいそ》の原子核《げんしかく》はバラバラな向きをしているんだ。これに磁気《じき》を当てて同じ方向に向けてから電波《でんぱ》を当てると、原子核《げんしかく》がもとの向きにもどろうとする。このもどり方から臓器《ぞうき》や血管《けっかん》の異常《いじょう》を見つけるんだよ。

胃《い》の中が見えた！

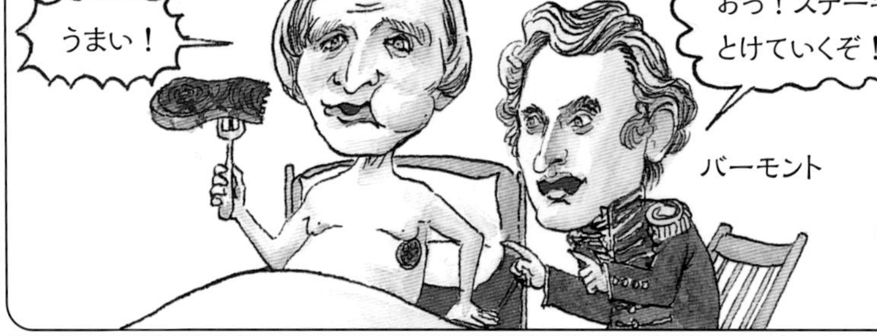
うまい！
どれどれ？
おっ！ステーキがとけていくぞ！
バーモント

あぁっ…
こういうの
ダメ…

食べたものがどうなるか、昔から人びとはふしぎに思っていた。1822年、銃《じゅう》の事故《じこ》でおなかに穴《あな》が開いた患者《かんじゃ》を、軍《ぐん》医《い》バーモントが10年以上《いじょう》かけて観察《かんさつ》して、消化《しょうか》のはたらきがわかったんだ。

試《ため》してみたら

からだを守る細胞《さいぼう》を見つけた

100年前、メチニコフはヒトデの幼生《ようせい》にバラのトゲをさして、顕微鏡《けんびきょう》でのぞいた。すると、アメーバみたいな細胞《さいぼう》がトゲをとりかこんでいた。

この細胞《さいぼう》は「大食細胞《たいしょくさいぼう》」と名づけられた。大食細胞《たいしょくさいぼう》は全身にいて、からだに入った細菌《さいきん》や異物《いぶつ》を食べるんだ。がんになった細胞《さいぼう》も殺《ころ》すんだよ。

心臓《しんぞう》が血液《けつえき》をおし出す強さがわかった

18世紀《せいき》、イギリスの牧師《ぼくし》ヘイルズは馬の血管《けっかん》に管《くだ》をさし、血液《けつえき》が2.7メートルまで上がるのを観察《かんさつ》した。

心臓《しんぞう》からおし出された血液《けつえき》が、血管《けっかん》のかべをおす力が血圧《けつあつ》だ。のちに血圧計《けつあつけい》が発明されて、健康診断《けんこうしんだん》に役立っているよ。

＊病気でなおる見込《みこ》みのない馬を使って実験《じっけん》を行ったといわれています。

原子核《げんしかく》：原子《げんし》はすべての物質《ぶっしつ》のもとになっている小さな粒《つぶ》で、その粒《つぶ》の中心にあるのが原子核《げんしかく》。　幼生《ようせい》：卵《たまご》からかえった子が、親とちがう形をしているときにこう呼《よ》ぶ。オタマジャクシはカエルの幼生《ようせい》。昆虫《こんちゅう》の場合は「幼虫《ようちゅう》」ともいう。　細菌《さいきん》：微生物《びせいぶつ》の1つで、1つの細胞《さいぼう》でできている。

命はこうして受けつがれる

生命はたった1個の細胞《さいぼう》からはじまる。この細胞《さいぼう》が分裂《ぶんれつ》をくり返して、手足や心臓《しんぞう》や神経《しんけい》などさまざまな細胞《さいぼう》に変化《へんか》して、ひとつのからだができあがる。これをまちがいなく行うための設計図《せっけいず》が、一つひとつの細胞《さいぼう》にうめ込《こ》まれている。それがDNA《ディーエヌエー》だ。

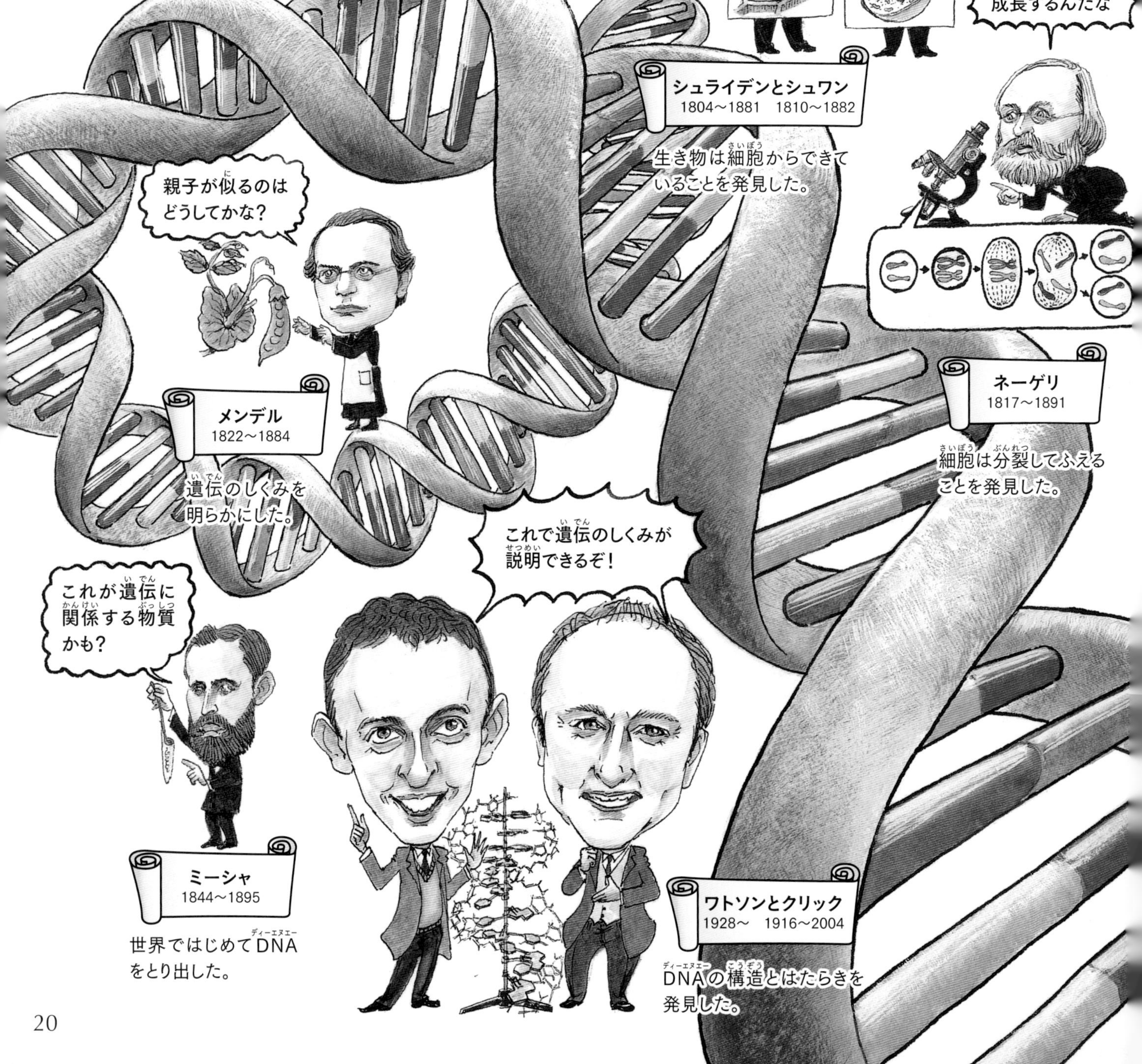
植物も動物も、キホンは細胞《さいぼう》だ！
からだはこうして成長《せいちょう》するんだな
シュライデンとシュワン
1804〜1881　1810〜1882
生き物は細胞《さいぼう》からできていることを発見した。
ネーゲリ
1817〜1891
細胞《さいぼう》は分裂《ぶんれつ》してふえることを発見した。
親子が似《に》るのはどうしてかな？
メンデル
1822〜1884
遺伝《いでん》のしくみを明らかにした。
これで遺伝《いでん》のしくみが説明《せつめい》できるぞ！
これが遺伝《いでん》に関係《かんけい》する物質《ぶっしつ》かも？
ミーシャ
1844〜1895
世界ではじめてDNA《ディーエヌエー》をとり出した。
ワトソンとクリック
1928〜　1916〜2004
DNA《ディーエヌエー》の構造《こうぞう》とはたらきを発見した。

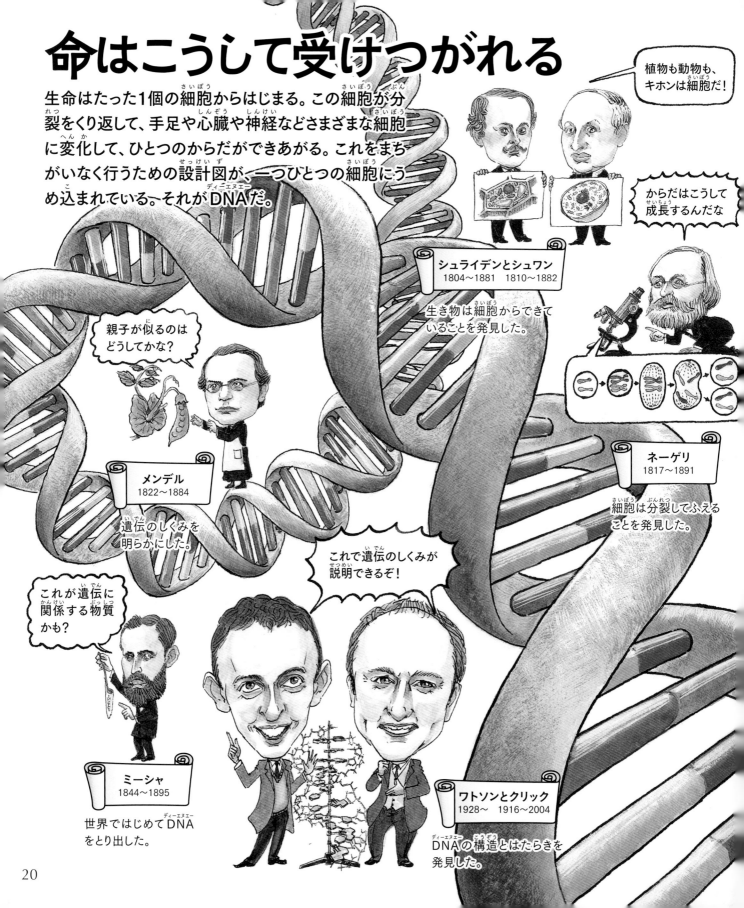

親に似《に》るのはなぜ？

からだは細胞《さいぼう》という小さな袋《ふくろ》が何十兆個《ちょうこ》も集まってできているんだ
このからだも…？
何でやねん!!
生命のはじまりは1つの細胞《さいぼう》なんだ。それが分裂《ぶんれつ》してふえていき、いろんな役割《やくわり》の細胞《さいぼう》が作られていくんだよ
骨になります
分裂
目になりまーす
2
細胞《さいぼう》をよく見ると、まん中に核《かく》があって、その中に染色体《せんしょくたい》というヒモみたいなものも入っている
この染色体《せんしょくたい》は、細長い糸をまいたような構造《こうぞう》になっているんだ。この糸がDNA《ディーエヌエー》だ
核《かく》
細胞《さいぼう》
染色体《せんしょくたい》
DNA
3
からだのすべての細胞《さいぼう》にDNA《ディーエヌエー》が入っていて、「この細胞《さいぼう》は○○の細胞《さいぼう》になれ」って指令《しれい》を出すんだ
4
DNA《ディーエヌエー》は全身の設計図《せっけいず》を書いた1冊《さつ》の本みたいなものだ。目になる細胞《さいぼう》では目の設計《せっけい》ページが、心臓《しんぞう》になる細胞《さいぼう》では心臓《しんぞう》の設計《せっけい》ページが開いて、指令《しれい》を出すって感じだね
DNA
DNA
5
親に似《に》るのは、受精卵《じゅせいらん》という生命のはじまりの細胞《さいぼう》に入っているDNA《ディーエヌエー》が、お父さんとお母さんから受けついだものだからだよ
父の DNA
母の DNA
DNA
6

ワトソンとクリックの実験室《じっけんしつ》

親の顔や体質《たいしつ》は、子どもにどのように遺伝《いでん》するのだろう？この大きなナゾを解《と》き明かしたのがワトソンとクリックだ。ノーベル賞《しょう》を受賞《じゅしょう》した大発見だった。

試薬《しやく》だな
メモ
本
ペーパークロマ
グラフィー
ファイル
キャビネット
ファイル
ボックス
回折像解析《かいせつぞうかいせき》
グラフ
ケーラー照明《しょうめい》
ファイル
ボックス
顕微鏡《けんびきょう》
計算用
釣《つ》り糸
えんぴつ
ワトソン
コート
DNA《ディーエヌエー》模型《もけい》
（試作《しさく》品）
メモパッド
遺伝《いでん》は4つの物質《ぶっしつ》の組み合わせで伝えられるんだ。2人は、はしごのふみ台に当たるところに4つのうち2つがペアになってつながっていることを確《たし》かめたんだ。
えんぴつ
カミソリの
消しゴム
模型《もけい》の部品
ゴミ箱

2人は、遺伝《いでん》のしくみを模型《もけい》を作って考えた。そしてDNA《ディーエヌエー》がねじれたはしごの形をしていることに気づいたんだ。この形のおかげで、親のDNA《ディーエヌエー》にきざまれた情報《じょうほう》がコピーされて、子どもにわたされるんだよ。
湯《ゆ》わかし器
ビン乾燥《かんそう》だな
手書きのDNA《ディーエヌエー》構造《こうぞう》図
デスクライト
紅茶缶《こうちゃかん》
ガラスビン
電話
試薬《しやく》だな
試薬《しやく》ビン
メモ
ポーリング博士《はかせ》の
分子《ぶんし》模型《もけい》
エックス線写真
（Photo51）
DNA《ディーエヌエー》模型《もけい》
クリック
ものさし
模型《もけい》の部品
ドライバー
蛇口《じゃぐち》
ねじ
流し
ペンチ

発見したきっかけは

DNA《ディーエヌエー》をとり出した！

DNA《ディーエヌエー》を最初《さいしょ》に見つけたのは、スイスの若《わか》い医学者ミーシャだった。白血球の細胞《さいぼう》を研究するため、ガーゼについたうみを地元の病院で大量《たいりょう》に手に入れて調べはじめたことがきっかけだった。

うみは白血球の死がいなんだ。ミーシャはうみをある液体《えきたい》に浸《ひた》して、白血球からねばねばした物質《ぶっしつ》をとり出すことに成功《せいこう》した。ミーシャはこれが遺伝《いでん》に関係《かんけい》ある物質《ぶっしつ》だと考えなかったが、のちにDNA《ディーエヌエー》だとわかったんだ。

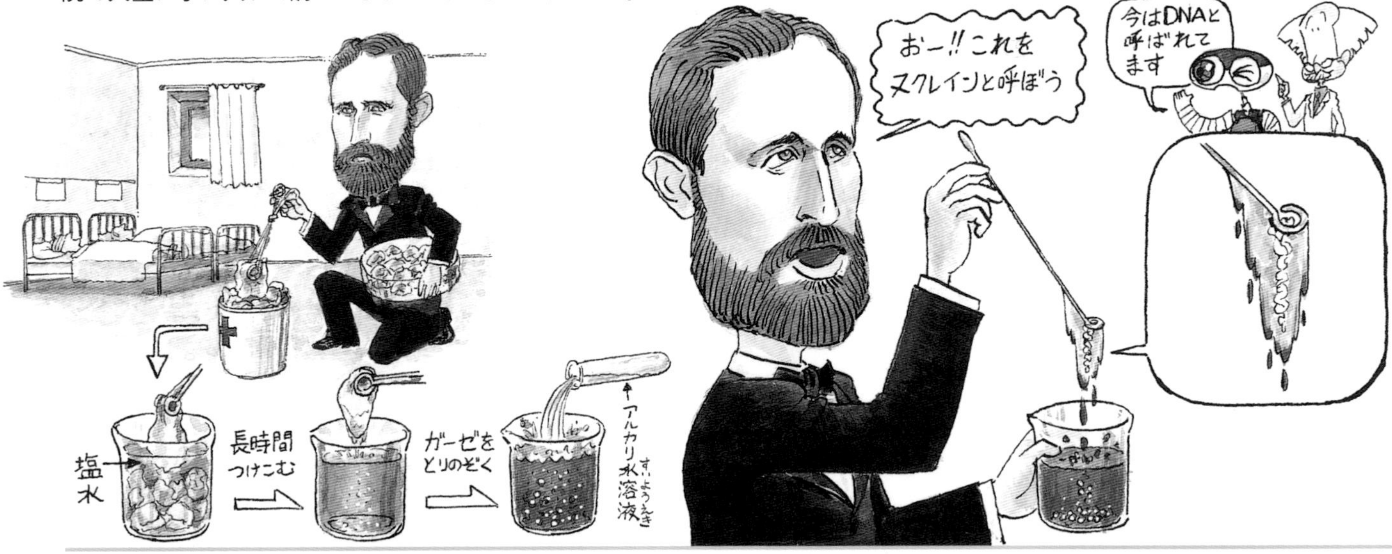
塩水
長時間つけこむ
ガーゼをとりのぞく
アルカリ水溶液《すいようえき》
おー!! これをヌクレインと呼ぼう
今はDNAと呼ばれてます

DNA《ディーエヌエー》を写真にとった！

ワトソンとクリックの大発見は、ライバルの女性《じょせい》科学者ロザリンド・フランクリンがとったDNA《ディーエヌエー》のエックス線写真がきっかけだった。

当時はこんな写真がせいいっぱいだった。

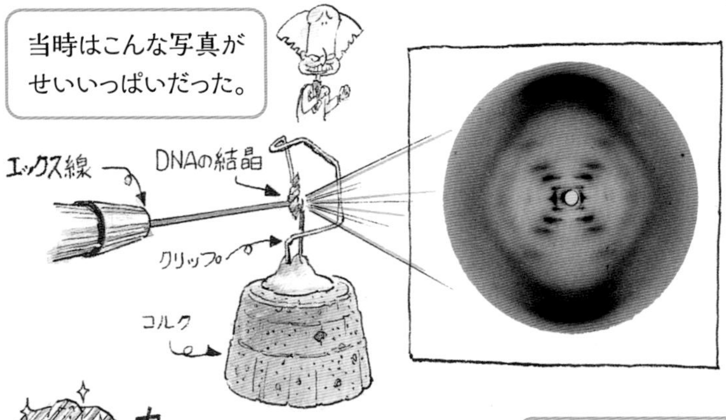
エックス線
DNAの結晶
クリップ
コルク

カッキーン

フランクリンは、フニャフニャ動くDNA《ディーエヌエー》を動かないように固《かた》めてエックス線写真にとることに成功《せいこう》したんだ。ワトソンとクリックの大発見の1年前（1952年）だ。

写真からひらめいた！

クリックは、ＤＮＡ《ディーエヌエー》にきざまれた情報《じょうほう》が、どんなしくみで遺伝《いでん》するか考え続《つづ》けていた。そこに新人科学者ワトソンが加《くわ》わり、2人はフランクリン（左ページ）がとったエックス線写真を見てひらめいた。

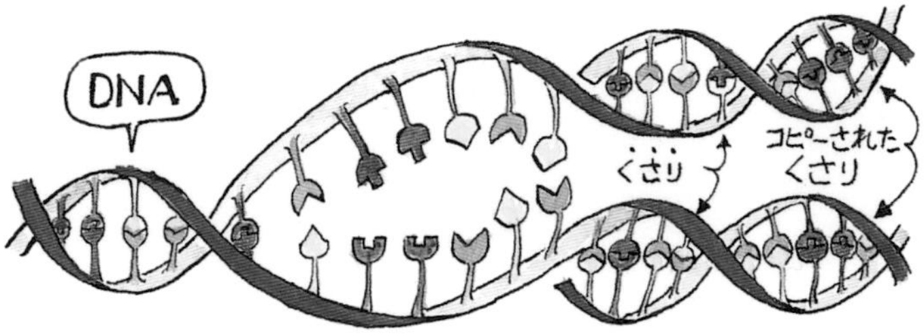

DNA
くさり
コピーされたくさり

ワトソン
DNA《ディーエヌエー》は2重のらせんの形になっているみたいだよ
クリック
そうか！　DNA《ディーエヌエー》はファスナーのように開いて自分自身をコピーするんだ。コピーされたDNA《ディーエヌエー》が、新しく分裂《ぶんれつ》した細胞《さいぼう》にわたされるんだ！
ビリビリ
DNA
DNA

ＤＮＡ《ディーエヌエー》がからだを作るしくみ

1
生き物のからだを作っているのは、何万種類《しゅるい》ものタンパク質《しつ》だ
ケラチン（かみの毛・つめ）
コラーゲン（ひふ）

2
タンパク質《しつ》の材料《ざいりょう》になるのが、アミノ酸《さん》という物質《ぶっしつ》だ。アミノ酸《さん》がくさりのようにつながって、タンパク質《しつ》ができあがる
合体っ!!
オレたち
タンパク質だー!!
G グリシン
A アラニン
V バリン
L ロイシン
I イソロイシン
S セリン
T トレオニン
C システイン
M メチオニン
P プロリン
D アスパラギン酸
N アスパラギン
E グルタミン酸
Q グルタミン
K リシン
R アルギニン
H ヒスチジン
F フェニルアラニン
Y チロシン
W トリプトファン
20種類のアミノ酸

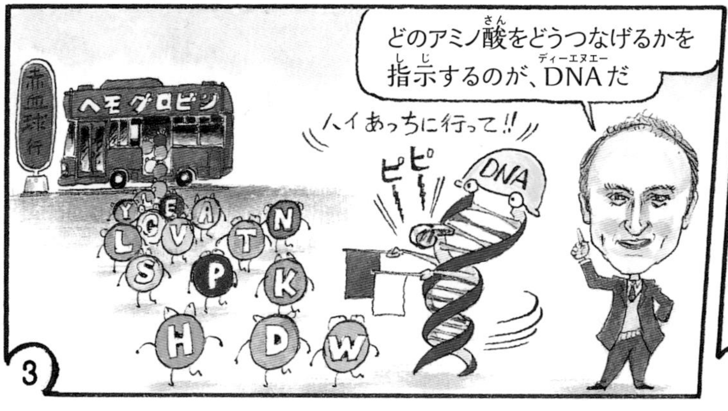

3
どのアミノ酸《さん》をどうつなげるかを指示《しじ》するのが、DNA《ディーエヌエー》だ
赤血球行
ヘモグロビン
ハイあっちに行って!!
ピピ
DNA

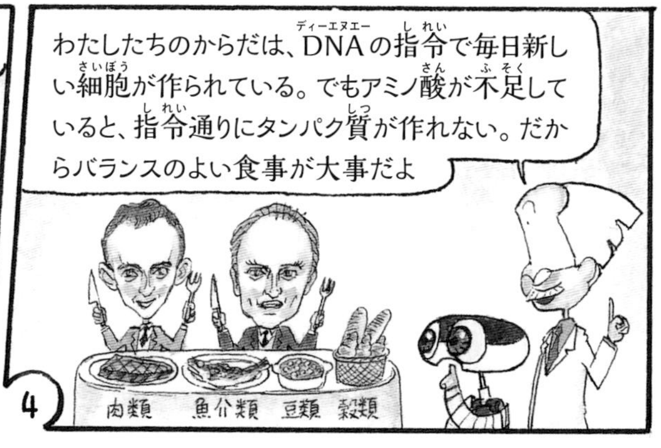

4
わたしたちのからだは、DNA《ディーエヌエー》の指令《しれい》で毎日新しい細胞《さいぼう》が作られている。でもアミノ酸《さん》が不足《ふそく》していると、指令《しれい》通りにタンパク質《しつ》が作れない。だからバランスのよい食事が大事だよ
肉類　魚介類　豆類　穀類

白血球：血液《けつえき》の細胞《さいぼう》の一つ。からだに侵入《しんにゅう》した細菌《さいきん》やウィルスなどと戦《たたか》ってからだを守る役割《やくわり》をしている。

みんなで生きる

生き物は仲間《なかま》とコミュニケーションをとりながら生きている。中《なか》でも人間は言葉を複雑《ふくざつ》にあやつって、さまざまなことを伝《つた》え合って生きてきた。

ハチ
ダンスで伝《つた》えるらしい
フンコロガシも冬のために食べた物をたくわえているんだな？
この部分が視覚《しかく》と関係《かんけい》あるようだ
ヒト
トリ
既読 12:45
言葉のはじまりは鳥のさえずりかも
弱肉強食《じゃくにくきょうしょく》が自然《しぜん》のルールというわけでもないらしい
脳《のう》のはたらきらしいぞ
サル

フリッシュ
1886〜1982
ハチが仲間《なかま》に情報《じょうほう》を伝《つた》える方法を発見した。

ファーブル
1823〜1915
昆虫《こんちゅう》を観察《かんさつ》して、虫の行動にも意味があることを発見した。

ブローカとウェルニッケ
1824〜1880　1848〜1905
脳《のう》の地図を作った。

ダーウィン
1809〜1882
言葉がどのように発達《はったつ》したかを考えた。

今西錦司《いまにしきんじ》
1902〜1992
カゲロウの観察《かんさつ》を通じて、生き物はすみ分《わ》けて生きていると考えた。

リッツォラッティ
1937〜
他人の気持ちがわかる理由を解明《かいめい》した。

伝《つた》え合って生きている

生きるって、どういうことだろう
何をなやんでるんだい?
生きるとは?
人生とは?
哲学…
生きるには食べ物が必要《ひつよう》だな
そういうことじゃなくて
それから、仲間同士《なかまどうし》のつき合いや
他の生き物とうまくやっていくことが、
とても大事なんだよ
あっ!落とした
いろんな生き物が同じ場所で折《お》り
重なって生きているから、争《あらそ》いに
ならない工夫《くふう》が必要《ひつよう》になる
工夫《くふう》?
たとえば、心の中を伝《つた》え合うことだ
どうやって伝《つた》えるの?
?!
人間は言葉で伝《つた》えるよね
他の生き物には人間のような言葉は
ないけれど、伝《つた》え合う方法《ほうほう》が
それぞれあるみたいだよ
花ハアッチ
ラシイ
行コウ

視覚《しかく》:目でものを見る感覚《かんかく》。

今西錦司《いまにしきんじ》の実験室《じっけんしつ》

今西錦司《いまにしきんじ》は、京都のまちを流れる鴨川《かもがわ》で毎日のようにカゲロウを観察《かんさつ》し、カゲロウの幼虫《ようちゅう》は種類《しゅるい》ごとに生きる場所がちがうことを発見した。このことから、生き物はそれぞれ自分が生きやすい場所で生きているのだと考えた。

スプリングネット
比叡山《ひえいざん》
編《あ》みかごあみ
たもあみ
蛇口《じゃぐち》
流量計《りゅうりょうけい》
脚立《きゃたつ》
流し台
ゴム長ぐつ
魚籠《びく》
インク
吸《す》い取り器
インク
筆《ふで》
水差《みずさ》し
硯《すずり》
墨《すみ》
えんぴつ
カメラ
ピッケル
本だな
今西錦司《いまにしきんじ》
ボトル
万年筆《まんねんひつ》
採集日記《さいしゅうにっき》
えんぴつ
灰皿《はいざら》
カゲロウの幼虫《ようちゅう》
ルーペ
温度計
ピンセット
ものさし
昆虫図鑑《こんちゅうずかん》
フィールドノート
川の流れの速いところやゆるやかなところ、上流や下流など、さまざまな場所で河原《かわら》の石を1つひとつ拾っては、カゲロウの幼虫《ようちゅう》を探《さが》したんだ。

鴨川《かもがわ》のそばに住んでいたので、そこを基地《きち》に、観察《かんさつ》を続けたんだ。
義父《ぎふ》・鹿子木孟郎《かのこぎたけしろう》の油絵
鴨川《かもがわ》の地図
京都帝国大学《きょうとていこくだいがく》
雨がっぱ
大文字山《だいもんじやま》
鴨川《かもがわ》
奥《おく》さんと子どもたち
放しがいのチャボ
柴犬《しばいぬ》
登山ぐつ
えさ入れ
採集《さいしゅう》した昆虫《こんちゅう》を持ち帰るのに、自転車のタイヤチューブを使ったんだって！
タイヤチューブ
釣《つ》り糸
メジャー
草かりがま
ロープ
ハンマー
たこ糸
観察《かんさつ》をくり返して、幼虫《ようちゅう》が見つかった場所と数を細《こま》かく記録《きろく》して表やグラフにまとめたんだ。すると、種類《しゅるい》によってすみ分《わ》けているようすが見えてきたんだよ。
ガラスビン（昆虫《こんちゅう》入れ）
糸巻《ま》き
ホルマリン
釣《つ》り道具入れ
釣《つ》りざお
浮《う》き
飼育用水槽《しいくようすいそう》
ガラスビン（昆虫《こんちゅう》入れ）
エタノール
ホルマリン
たもあみ
魚籠《びく》
コドラート
たらい
カゲロウの幼虫《ようちゅう》
ろ紙
フラスコ
濾紙
Filter Paper
手ぬぐい
試験管《しけんかん》
カゲロウの幼虫《ようちゅう》
じょうご
タバコの箱
アイスクリームの箱
この観察《かんさつ》によって、今西錦司《いまにしきんじ》はダーウィンの進化論《しんかろん》とはちがう考え方を唱《とな》えたんだ。ダーウィンは、勝ったものが残《のこ》って負けたものが滅《ほろ》びていくと考えた。しかし今西錦司《いまにしきんじ》は、弱い生き物も自分に適《てき》した環境《かんきょう》で生きていくと考えた。
いまの科学ではどちらが正しいか100パーセント証明《しょうめい》することはむずかしく、時代や国によって人びとがどちらの考えを好《この》むかにも影響《えいきょう》されるんだ。

人の気持ちがなぜわかる

サルで実験《じっけん》

他人の気持ちがわかる心のしくみが、サルを使った実験《じっけん》で明らかになった。脳《のう》の中に他人の行動を映《うつ》し出す細胞《さいぼう》があって、まるで自分が行っているように感じるためらしい。

目の前で起きていることが自分の脳《のう》の中でも起きるので、相手がどんな気持ちでいるかわかるんだ。

あっ!!これのことか!
梅干
オー!スッパイ〜ン!!
リッツォラッティ

こんな実験《じっけん》

人の動作を見て、サルの脳《のう》がどう反応《はんのう》するかを調べる実験《じっけん》だ。同じ「くだものをつかむ」という動作を見ても、何のためにつかむのかという目的《もくてき》がちがうと、反応《はんのう》がちがうことがわかった。

●人がくだものを食べるのを見たとき

脳細胞《のうさいぼう》の反応《はんのう》
つかんだ瞬間《しゅんかん》
反応《はんのう》が
大きい

●人がくだものを箱に移すのを見たとき

脳細胞《のうさいぼう》の反応《はんのう》
つかんだ瞬間《しゅんかん》
反応《はんのう》が
小さい

この細胞《さいぼう》は「ミラーニューロン」と呼《よ》ばれている。何かを見たとき、それを鏡《かがみ》(ミラー)のように頭の中に映《うつ》し出す神経細胞《しんけいさいぼう》(ニューロン)という意味だ。

あっ・・・

心は言葉で通じ合う

鳥で実験《じっけん》

人間が言葉を話せるのは、さまざまな音色《ねいろ》の声を出せるから。鳥も、ほえるだけの動物とちがって、いろんな声で鳴くことができる。そこで鳥を使って、言葉のはじまりや言葉と心の関係《かんけい》をさぐる実《じっ》験《けん》が行われている。

æ ʌ ɑ ɑ: ɑ:r
ə ər ə:r i i:
u u: e ɔ: ɔ:r
ai au ei ɔi ou ju:

こんな実験《じっけん》

鳥は仲間《なかま》の声を聞き分《わ》けているか調べる実験《じっけん》だ。

ジュウシマツの鳴き声を音素《おんそ》に分解《ぶんかい》して、人工的《じんこうてき》にならびかえて聞かせたとき、どんな反応《はんのう》をするか調べたんだ。
「こんにちは」と「にんちはこ」のちがいがわかるか、調べるようなものだね。

ジュウシマツの音素《おんそ》

いつもの鳴き声

知ってる声だ
脳《のう》の反応《はんのう》が大きい

いつもの鳴き声を聞かせたときはおとなしく、鳥の脳《のう》のミラーニューロンが反応《はんのう》した。

人工的《じんこうてき》にならびかえた音

何だ!? この音は
脳《のう》の反応《はんのう》が小さい

人工的《じんこうてき》にならびかえた音を聞かせたときは、落ち着きがなくなり、ミラーニューロンは反応《はんのう》しなかった。

言葉が豊《ゆた》かになれば、感情《かんじょう》もこまやかに豊《ゆた》かになる。発声のしくみが鳥よりずっと発達《はったつ》している人間は、たくさんの言葉で仲間《なかま》とやりとりしながら心を発達《はったつ》させてきたんだな、きっと。

音素《おんそ》:意味のある音の最小単位《さいしょうたんい》。

世紀《せいき》: 1万年前ごろ　紀元前《きげんぜん》　紀元後《きげんご》　16　17

時代: 縄文《じょうもん》時代　弥生《やよい》時代　戦国《せんごく》時代

本書に登場する科学者　（　）はページ

アリストテレス
紀元前《きげんぜん》384〜322

古代ギリシャの哲学者《てつがくしゃ》。生き物を観察《かんさつ》して、グループ分《わ》けした。
(2)

ヴェサリウス
1514〜1564

人体を解剖《かいぼう》して、からだの中をじっさいに見て確《たし》かめた。
(14)

ハーベイ
1578 〜1657

血液《けつえき》の動きと心《しん》臓《ぞう》の役割《やくわり》を明らかにした。
(14,16)

マルピーギ
1628〜1694

毛細血管《もうさいけっかん》を発見して、ハーベイの説《せつ》を裏《うら》づけた。
(14)

ヘイルズ
1677〜1761

馬を使って心臓《しんぞう》が血液《けつえき》をおし出す強さ（血圧《けつあつ》）を調べた。
(19)

リンネ
1707〜1778

生き物を、見てわかる特徴《とくちょう》で分《ぶん》類《るい》して、名前のつけ方を考えた。
(2,3,4)

プリーストリー
1733〜1804

動物は、植物から出る気体を吸《す》っていることに気づいた。
(8,12)

ラボアジエ
1743〜1794

呼吸《こきゅう》に必要《ひつよう》な空の成分《せいぶん》を調べ、素《そ》を発見した。
(8,13)

日本と世界の有名なできごと

このころからイギリスで産業革命《さんぎょうかくめい》がおこる
一七七六　アメリカが建国される
一七七四　杉田玄白《すぎたげんぱく》らが、解剖学《かいぼうがく》の本「解体新書《かいたいしんしょ》」を翻訳出版《ほんやくしゅっぱん》する
一六四一　鎖国《さこく》が完成《かんせい》する
一六〇三　徳川家康《とくがわいえやす》が征夷大将軍《せいいたいしょうぐん》になり、江戸《えど》に幕府《ばくふ》をひらく
一六〇〇　関ヶ原《せきがはら》の戦《たたか》いがおこる
一五九〇　豊臣秀吉《とよとみひでよし》が全国を統一《とういつ》する
一五七三　織田信長《おだのぶなが》が室町幕府《むろまちばくふ》をほろぼす
一五四九　スペインの宣教師《せんきょうし》ザビエルがキリスト教を伝《つた》える
一五四三　コペルニクスが地動説《ちどうせつ》を発表する
一五四三　ポルトガル人が鉄砲《てっぽう》を伝《つた》える
一五一九　マゼランが世界一周《いっしゅう》に出発する
一四九二　コロンブスがアメリカ大陸《たいりく》に到達《とうちゃく》する

キリスト教が成立《せいりつ》する
前四ごろ　イエスが生まれる
ギリシャ古典《こてん》文化が栄《さか》える
前五五〇ごろ　釈迦《しゃか》が生まれ、仏教《ぶっきょう》をひらく
米作りの技術《ぎじゅつ》や金属器《きんぞくき》が大陸《たいりく》から伝《つた》わる
石器《せっき》が使われる
四大文明が栄《さか》える
狩《か》りや漁《りょう》のくらしを行う

18　　19

江戸《えど》時代 ｜ 近現代《きんげんだい》

パスツール
1822〜1895
物がくさるのは、細菌のしわざであることを発見した。
(2,6)

リービヒ
1803〜1873
植物に養分《ようぶん》を与《あた》えると、たくさん育つことを発見した。
(8,10,11)

メチニコフ
1845〜1916
バイ菌《きん》と戦うしくみが、からだに備《そな》わっていることを発見した。
(14,19)

バーモント
1785〜1853
患者《かんじゃ》の胃《い》の中を見て、消化《しょうか》のはたらきを観察《かんさつ》した。
(18)

ベルナール
1813〜1878
健康《けんこう》でいられるのは、体内をいつも同じ状態《じょうたい》に保《たも》つはたらきがあるからだと考えた。
(14)

メンデル
1822〜1884
遺伝《いでん》の仕組みを明らかにした。
(20)

シュライデン
1804〜1881
生き物は細胞《さいぼう》からできていることを発見した。
(20)

シュワン
1810〜1882

ネーゲリ
1817〜1891
細胞《さいぼう》は分裂《ぶんれつ》してふえることを発見した。
(20)

ミーシャ
1844〜1895
世界ではじめてDNA《ディーエヌエー》をとり出した。
(20,24)

ダーウィン
1809〜1882
言葉がどのように発達《はったつ》したかを考えた。
(26,29)

ブローカ
1824〜1880
脳《のう》の地図を描いた。
(26)

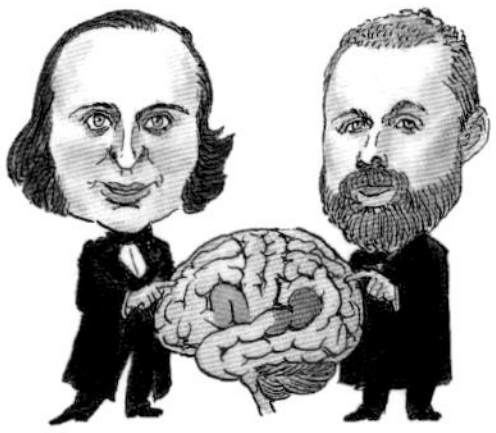

ウェルニッケ
1848〜1905

ファーブル
1823〜1915
昆虫《こんちゅう》を観察《かんさつ》して、虫の行動にも意味があることを発見した。
(26)

一八五一　ロンドンで第1回万国博覧会《ばんこくはくらんかい》が開かれる

一八五三　アメリカ海軍《かいぐん》のペリーが浦賀《うらが》に来航《らいこう》して開国をせまる

一八五四　日米和親条約《にちべいわしんじょうやく》を結《むす》び、鎖国《さこく》が終わる

一八六三　アメリカで奴隷解放宣言《どれいかいほうせんげん》が出される

一八六七　徳川慶喜《とくがわよしのぶ》が政権《せいけん》を朝廷《ちょうてい》に返す(大政奉還《たいせいほうかん》)

一八六八　明治維新《めいじいしん》がはじまる

一八七二　鉄道が開通する

一八七三　富国強兵政策《ふこくきょうへいせいさく》がはじまる

一八八九　大日本帝国憲法《だいにほんていこくけんぽう》が発布《はっぷ》される

一八九四　日清戦争《にっしんせんそう》がはじまる(〜九五)

一八九六　第1回国際《こくさい》オリンピック大会がアテネで開かれる

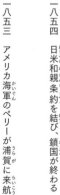

世紀《せいき》	20	21
時代	近現代《きんげんだい》	

本書に登場する科学者　（　）はページ

アンドリュース
1884〜1960

はじめて恐竜《きょうりゅう》の卵《たまご》の化石を見つけた。
(2)

スタンリー
1904〜1971

ウィルスの正体をつきとめた。
(2)

ルーベン
1913〜1943

光合成《こうごうせい》のしくみを調べた。
(8,13)

カルビン
1911〜1997

光合成《こうごうせい》によって植物の中で何が起きているかを解明《かいめい》した。
(8,13)

ポーリング
1901〜1994

生き物を分子の集まりと見て研究し、DNA《ディーエヌエー》がらせん状《じょう》になっていると提《てい》唱《しょう》した。
(23)

フランクリン
1920〜1958

世界ではじめてDNA《ディーエヌエー》を写真にとった。
(24,25)

ワトソン
1928〜

クリック
1916〜2004

DNA《ディーエヌエー》の構造《こうぞう》とはたらきを発見した。
(20,22,23,24,25)

今西錦司《いまにしきんじ》
1902〜1992

カゲロウの観察《かんさつ》を通じて、生き物はすみ分《わ》けて生きていると考えた。
(26,28)

フリッシュ
1886〜1982

ハチが仲間《なかま》に情《じょう》報《ほう》を伝《つた》える方法を発見した。
(26)

リッツォラッティ
1937〜

他人の気持ちがわかる理由を解《かい》明《めい》した。
(26,30)

日本と世界の有名なできごと

一九〇一　ノーベル賞《しょう》が創設《そうせつ》される
一九〇四　日露戦争《にちろせんそう》がはじまる(〜〇五)
一九一四　第一次世界大戦《だいいちじせかいたいせん》がはじまる(〜一八)
一九二〇　国際連盟《こくさいれんめい》が発足《ほっそく》する
一九二二　ソビエト社会主義《しゅぎ》共和国連邦《きょうわこくれんぽう》(ソ連)が成立《せいりつ》する
一九三一　満州事変《まんしゅうじへん》がおこる
一九三九　第二次世界大戦《だいにじせかいたいせん》がはじまる(〜四五)
一九四一　太平洋戦争《たいへいようせんそう》がはじまる(〜四五)
一九四五　広島《ひろしま》と長崎《ながさき》に原子爆弾《ばくだん》が落とされる
一九四五　国際連合《こくさいれんごう》が発足《ほっそく》する
一九四六　日本国憲法《にほんこくけんぽう》が公布《こうふ》される
一九五〇　朝鮮戦争《ちょうせんせんそう》がはじまる(〜五三)
一九五七　ソ連が世界初の人工衛星《じんこうえいせい》を打ち上げる
　　　　　高度経済成長《こうどけいざいせいちょう》がはじまる
一九六一　ベルリンの壁《かべ》が作られる
一九六四　オリンピック東京大会が開かれる
一九六五　ベトナム戦争《せんそう》がはげしくなる(〜七五)
一九六七　ECが発足《ほっそく》する
一九六九　アメリカのアポロ11号が月面着陸《げつめんちゃくりく》に成《せい》功《こう》する
一九七二　日中共同声明《にっちゅうきょうどうせいめい》に調印《ちょういん》し、日本と中国の国交《こっこう》が正常化《せいじょうか》する
一九八六　ソ連《れん》のチェルノブイリ原子力発電所《げんしりょくはつでんしょ》で爆発事故《ばくはつじこ》がおこる
一九八九　ベルリンの壁《かべ》がこわされる
一九九〇　東西ドイツが統一《とういつ》される
一九九一　ソ連《れん》が解体《かいたい》する
一九九三　EUが発足《ほっそく》する
一九九五　阪神《はんしん》・淡路大震災《あわじだいしんさい》がおこる
二〇〇一　アメリカで同時多発《どうじたはつ》テロがおこる
二〇〇三　イラク戦争《せんそう》がおこる

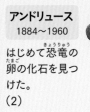

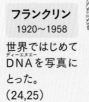

さくいん

この本では、科学者たちの実験室《じっけんしつ》を再現《さいげん》するために、世界中のたくさんの資料《しりょう》を探《さが》し回って調べたんだ。
それでも調べがつかなかったことは、その時代のようすから考えて想像《そうぞう》したんだよ。
ちょっとした遊びゴコロも入れてね

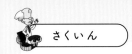

佐藤文隆（さとう　ふみたか）　編著

1938年山形県白鷹町生まれ。1960年京都大学卒、京都大学名誉教授、元湯川記念財団理事長。宇宙物理、一般相対論の理論物理学を専攻。著書に『宇宙物理への道』『湯川秀樹の考えたこと』（ともに岩波ジュニア新書）など一般書多数。

くさばよしみ　著

京都市生まれ。京都府立大学卒。編集者。編・著書に『世界でいちばん貧しい大統領のスピーチ』『地球を救う仕事全6巻』（ともに汐文社）、『おしごと図鑑シリーズ』（フレーベル館）『科学にすがるな！』（岩波書店）ほか。

たなべたい　絵

京都市生まれ。京都精華大学美術学部デザイン学科マンガ分野、同大学院美術研究科諷刺画分野修了。大学2回生で漫画家デビュー後、漫画や似顔絵の分野で活動。2007年、第28回読売国際漫画大賞近藤日出造賞受賞。

デザイン：上野かおる・中島佳那子（鷺草デザイン事務所）

協　　力：千葉県立中央博物館
　　　　　角山雄一（京都大学環境安全保健機構助教）

潜入《せんにゅう》！　天才科学者の実験室《じっけんしつ》

②生き物はなぜ生まれた？——リンネほか

2020年7月　初版第1刷発行

編著……………佐藤文隆
著………………くさばよしみ
絵………………たなべたい
発行者…………小安宏幸
発行所…………株式会社汐文社
　　　　　　　〒102-0071
　　　　　　　東京都千代田区富士見1-6-1
　　　　　　　TEL 03-6862-5200　FAX 03-6862-5202
　　　　　　　https://www.choubunsha.com
印刷……………新星社西川印刷株式会社
製本……………東京美術紙工協業組合

ISBN978-4-8113-2674-0